FORSCHUNGSBERICHTE DES LANDES NORDRHEIN-WESTFALEN

Nr. 2447

Herausgegeben im Auftrage des Ministerpräsidenten Heinz Kühn
vom Minister für Wissenschaft und Forschung Johannes Rau

Prof. Dr. Konrad Bleuler
Dr. Dietmar Schubert

Institut für Theoretische Kernphysik
der Universität Bonn

Untersuchung des Vielkörperproblems im Rahmen lösbarer Modelle

Westdeutscher Verlag 1975

© 1975 by Westdeutscher Verlag GmbH, Opladen
Gesamtherstellung: Westdeutscher Verlag

ISBN-13: 978-3-531-02447-9   e-ISBN-13: 978-3-322-88081-9
DOI: 10.1007/978-3-322-88081-9

Inhaltsverzeichnis:

<u>Vorwort:</u>

Die Untersuchung des Vielkörperproblems durch exakt lösbare Modelle stellt eine besondere Methode dar, Einsicht in die quantenmechanische Struktur eines atomischen Systems zu erhalten. Die in diesem Rahmen zu bestimmenden exakten Lösungen der Modelle erlauben darüber hinaus die Prüfung verschiedener Näherungsverfahren, die für die meisten Anwendungen auf dem Gebiet der Kerntheorie grundlegend sind. Beispiele für lösbare Modelle sind: Das Paarungsmodell [1], [2], [3], das Elliottsche 'su(3)-Modell' leichter Kerne (mit Quadrupol-Kräften) [4], [5], das Lipkinsche Monopolmodell (mit Monopolkräften) [6], das sp(4)-Modell (mit Paarungs- und Monopolkräften) [7], [8].

Lösbare Modelle sind Vereinfachungen des Vielteilchenproblems. Sie sind 'realistischer', je mehr sie wesentliche Eigenschaften des Vielteilchenproblems enthalten. Nur unter diesem Gesichtspunkt lassen sich Rückschlüsse der Untersuchungen physikalischer Sachverhalte mittels lösbarer Modelle auf das Vielteilchensystem des Atomkerns führen. Ziel ist demnach, möglichst realistische lösbare Modelle zu untersuchen im Hinblick auf exaktere Aussagen über die Struktur von Kernen. Grundlagen für die Klassifikation und Konstruktion von lösbaren Modellen, die Verallgemeinerungen der bisher bekannten sind, wurden von Schütte [9], [10] erarbeitet. Im Rahmen dieser mit gruppentheoretischen Methoden definierten sogenannten su(N), sp(2N) und so(N)-Modelle des Kerns ist das neue 'su(4)-Modell', das Ca-Isotope zu beschreiben vermag, das interessanteste und wird hauptsächlich untersucht.

Als Beispiel für die Prüfung der Güte von Näherungsverfahren, die im Rahmen des quantenmechanischen Vielkörperproblems entwickelt worden sind, (anhand lösbarer Modelle, speziell des Lipkin-Modells und des sp(4)-Modells (siehe oben)), sei auf eine Untersuchung hingewiesen [11], [12], welche die Methode der 'Generator Coordinates' und darauf aufbauende Verfahren bei der Behandlung von Approximationsverfahren benutzt, um damit zur näherungsweisen Beschreibung von Grundzustandskorrelationen und angeregten Zuständen in den erwähnten exakt lösbaren Modellen zu kommen. Diese Methode der 'Generator Coordinates' wurde hauptsächlich von D.HILL und J.WHEELER entwickelt und von J.GRIFFIN zusammen mit J. WHEELER erweitert [13].

Das 'su(4)-Modell'
====================

Einleitung:

Die Konstruktion von lösbaren Modellen für das in der
Physik grundlegende quantenmechanische n-Körperproblem wird
mathematisch unter anderem durch gruppentheoretische Methoden ermöglicht. Das heißt mittels einer vorgegebenen abstrakten Lie-Algebren-Struktur läßt sich ein lösbares Modell ent-
wickeln, das die Wechselwirkung von Teilchen zu beschreiben
erlaubt und Angaben über den Aufbau von niedrig angeregten
Energieniveaus in den Energiespektren von Atomkernen macht.
Speziell soll nun ein neues 'su(4)-Modell' angegeben werden,
dessen mathematische Struktur vollständig durch die Lie-Algebra su(4) der Speziellen Unitären Gruppe SU(4) bestimmt
ist, und das es erlaubt, Aussagen über die Energieniveaustruk-
turen der Ca-Isotope ^{44}Ca bis ^{50}Ca, zu machen. Um nun zu die-
sen physikalischen Aussagen zu kommen, muß das 'su(4)-Modell'
einige besondere Bedingungen erfüllen [10]:

1. Die das Modell definierende Lie-Algebra su(4) sei Aus-
   gangsalgebra der Lie-Algebrenkette su(4) ⊃ sp(4) ⊃ so(3);
   dies hat den Vorteil, daß die Elemente aller dieser Algebren dazu verwendet werden können, bestimmte Modell-
   wechselwirkungen mit Hilfe eines geeignet zu konstruie-
   renden, d.h. physikalisch sinnvollen Operators (Hamiltonoperator) zu beschreiben.

2. Durch diese Lie-Algebrenkette ist gewährleistet, daß eine Aussage über die Drehimpulsstruktur im n-Teilchen-
   Raum möglich ist, da die Drehimpulsalgebra so(3) Unteralgebra sowohl von su(4) als auch von sp(4) ist. Der
   Hamiltonoperator läßt sich als drehinvarianter Operator
   angeben.

3. Es muß eine Darstellung der Lie-Algebra su(4) zu finden
   sein, die die physikalischen Zustände der Teilchen (bei
   den betrachteten Ca-Isotopen sind die Teilchen Neutro-
   nen) klassifiziert und beschreibt, d.h. Angabe der Energieeigenzustände der Ca-Isotopen explizit ermöglicht
   und Vergleiche zu den experimentell ermittelten Energie-
   werten zu ziehen erlaubt.

Wie nun die Analyse der jeweiligen adjungierten Darstellung
von su(4) und sp(4)bezüglich der Beschränkung auf eine Unteralgebra vom Typ so(3) zeigt, läßt sich die Lie-Algebra
su(4) in sphärische Tensoroperatoren (nämlich Oktupol-Qua-
drupol-Dipoloperatoren) und die Lie-Algebra sp(4) in Oktu-
pol- und Dipoloperatoren zerlegen [9], [10]. Bestimmte Line-

arkombinationen von Bilinearprodukten dieser Operatoren
sind dann skalare Größen (sogenannte Casimiroperatoren),
die als Quadrupol - und Oktupolkräfte den Hamiltonoperator
im·hier zu behandelnden neuen 'su(4)-Modell' erzeugen. Das
zu lösende Eigenwertproblem, d.h. die Bestimmung der Energieeigenwerte des Modell-Hamiltonoperators, ist nun äquiva-
lent zur Bestimmung der Eigenwerte der Casimiroperatoren bezüglich der Reduktionskette $su(4) \supset sp(4) \supset so(3)$. Somit können
jetzt die physikalischen Zustände des n-Teilchen-Problems
durch die Eigenwerte und - Zustände dieser Casimiroperatoren explizit beschrieben und klassifiziert werden.
Durch die Wahl einer speziellen irreduziblen Darstellung ϱ
von su(4) läßt sich dann der physikalische Zustandsraum, in
unserem Beispiel der Einteilchenraum bezüglich ^{41}Ca mit der
Schalenstruktur j=7/2, 5/2, 3/2, 1/2 (j:Drehimpulsquanten-
zahl), durch den Trägerraum (komplexer Vektorraum) von ϱ definieren. Mit Hilfe dieser Darstellung ϱ lassen sich dann
auch durch geeignete Produktbildung neue Darstellungen ϱ_λ^n
finden, die in entsprechender Weise die Mehrteilchenräume
bezüglich ^{42}Ca bis ^{50}Ca mit dem entsprechenden Drehimpulskon-
figurationen beschreiben.

A. Die mathematische Struktur des 'su(4)-Modells'.

I. Eigenschaften der physikalisch relevanten Lie-Algebren
su(4), sp(4), so(3).

Ausgegangen wird von einer Unteralgebra L der Lie-Algebra $L_N^0 = u(N)$. Dabei wird L_N^0 erzeugt durch einen Satz von Bilinearprodukten der Fermion-Erzeugungs- und -Vernichtungsoperatoren, die im Rahmen der Zweiten Quantisierung definiert sind. [10], [14]. Die Unteralgebra L sei eine halbeinfache hermitesch abgeschlossene Lie-Algebra. Dieses bewirkt eine Darstellung von L durch eine abstrakte, halbeinfache Lie-Algebra Λ in ihrer kompakten, reellen Form. ($\Lambda = \{su(4), sp(4), so(3)\}$). L hat die folgende Struktur:

$$(1) \quad L = \sigma\varrho(\Lambda) \qquad dabei: \begin{cases} \sigma: \text{Lie-Algebren-Isomorphismus} \\[2mm] mit: \quad \sigma(A) = \frac{1}{2}\sum_{\alpha,\beta=1}^{N} A_{\alpha\beta}\,(a^\dagger_\alpha a_\beta - a_\beta a^\dagger_\alpha) \\[6mm] \varrho(\Lambda): \text{spezielle, treue, unitäre Darstellung von} \\ \quad \Lambda \text{ auf einem N-dim komplexen Raum,} \\ \quad \text{dem Einteilchenraum.} \end{cases}$$

Sei Λ = su(4). Diese 15-dim Lie-Algebra vom Range 3 habe eine Basis $\Lambda_r (r = 1,\ldots,15)$ und eine Darstellung $\varrho(\Lambda_r)$ werde durch antihermitesche N*N Matrizen A^r mit der Unimodularitätsbedingung: Spur $A^r = 0$ definiert. Dann läßt sich eine beliebige Basis L_r von L angeben mit:

$$(2) \quad L_r = \sigma\varrho(\Lambda_r) = \frac{1}{2}\sum_{\alpha,\beta=1}^{N} A^r_{\alpha\beta}\,(a^\dagger_\alpha a_\beta - a_\beta a^\dagger_\alpha)$$

Bezüglich der 4-dim treuen Fundamentaldarstellung ϱ_f von su(4) läßt sich dann eine Basis angeben durch die Bilinearprodukte der Fermion-Erzeugungs- und -Vernichtungsoperatoren, d.h. durch die Tensoroperatoren:

$$(3) \quad E_{ij} = a_i^+ a_j - \frac{\delta_{ij}}{4} \sum_{k=1}^{4} a_k^+ a_k \qquad \text{mit:} \ \left(i,j = 1,\ldots,4 \right)$$

Diese Generatoren der Lie-Algebra su(4) erfüllen die Vertauschungsrelationen und genügen der Bedingung: $\sum_i E_{ii} = 0$.
Entsprechend lassen sich die Generatoren der Lie-Algebren sp(4) und so(3) bestimmen. Letztere sind die bekannten Drehimpulsoperatoren.
Verwendet werden alle diese Generatoren von Λ zum Konstruieren von skalaren Invarianten, den Casimiroperatoren, die als gewisse Linearkombinationen den Modell-Hamiltonoperator bestimmen und zur Lösung des Eigenwertproblems, d.h. der Angabe der Energieniveaus der Ca-Isotope, dienen.

II. Sphärische Tensoroperatoren.

Eine genauere Kenntnis von der Struktur dieses Modell-Hamiltonoperators wird durch die Betrachtung der jeweiligen adjungierten Darstellungen ϱ_{ad} in der Lie-Algebrenkette $su(4) \supset$ $\supset sp(4) \supset so(3)$ erhalten. Dazu ist es notwendig, jeweils eine Analyse der Beschränkung von $\varrho_{ad}(\Lambda)$ auf die Unteralgebra $\lambda'\,[\cong so(3)]$ durchzuführen. Dann ergibt sich nämlich, daß sich die entsprechende Lie-Algebra in sphärische Tensoroperatoren $A_M^{(J)}$, J-ter Stufe $(-J \leq M \leq J)$, zerlegen läßt. So wird etwa eine Basis von $su(4)$ aufgespannt durch die sphärischen Tensoroperatoren $A_M^{(J)}$ mit $J = 1,2,3$, eine Basis von $sp(4)$ durch $A_{M'}^{(J')}$, mit $J' = 1,3$ und eine Basis von $so(3)$ ist dann gegeben durch die bekannten sphärischen Drehimpulsoperatoren $A_M^{(1)}$. Nun ergibt die Analyse der Beschränkung der treuen Fundamentaldarstellungen von $su(4)$ und $sp(4)$ auf $\lambda'\,[\cong so(3)]$ die Standard-Darstellung $d^{3/2}$ von $su(3)$ auf dem Fockraum über $\mathbb{C}^4$. Das bewirkt, daß sich Erzeugungs- und Vernichtungsoperatoren $a^{+(3/2)}_{\underline{m}}$ und $(-1)^{3/2-m}\,a^{(3/2)}_{-\underline{m}}$, mit $-3/2 \leq m \leq +3/2$, angeben lassen, die sich wie die Komponenten irreduzibler Tensoroperatoren vom Grade $j = 3/2$ transformieren. Dann lassen sich auch sofort explizit die obigen sphärischen Tensoroperatoren $A_M^{(J)}$ konstruieren:

$$(4) \quad A_M^{(J)} = \sum_{\substack{j_1, j_2 \\ m_1, m_2}} C^{j_1 j_2 J}_{m_1 m_2 M} \cdot (-1)^{j_2 - m_2}\, a^{+(j_1)}_{m_1}\, a^{(j_2)}_{-m_2} \qquad \text{mit: } C^{j_1 j_2 J}_{m_1 m_2 M} = \text{Clebsch-Gordan-Koeffizienten}$$

Durch Indexzuordnungsvorschriften wird ein Zusammenhang der in (4) angegeben zu den in (3) verwendeten Erzeugungs- und Vernichtungsoperatoren gegeben, der dann zur Folge hat, daß sich die sphärischen Tensoroperatoren $A_M^{(J)}$ als Linearkombinationen der 'kartesischen' Generatoren E_{ij} schreiben lassen.

III. Casimiroperatoren.

Bevor nun mit Hilfe der sphärischen Tensoroperatoren der Modell-Hamiltonoperator konstruiert wird, sollen zuerst noch die oben erwähnten skalaren Invarianten (Casimiroperatoren) bezüglich der Lie-Algebren $su(4)$, $sp(4)$ und $so(3)$ angegeben werden. Denn sie erlauben später, in übersehbarer Weise, die Energieeigenwerte und Energieeigenzustände des Modell-Hamiltonoperators zu bestimmen und damit Vergleiche zu den experimentell gefundenen Energien der Ca-Isotope herzustellen. Die Casimiroperatoren C_Λ bezüglich der Lie-Algebren $\Lambda = \{su(4),\ sp(4),\ so(3)\}$ lassen sich gemäß der allgemeinsten Struktur von Casimiroperatoren von halbeinfachen Lie-Algebren [15] angeben zu:

$$(5) \quad C_\Lambda = \sum_{\substack{J,J' \\ M,M'}} g^{JM\,J'M'} (-1)^{J'-M'} A_M^{(J)} A_{M'}^{(J')} \qquad \text{mit:} \ \Lambda \in \{ su(4), sp(4), so(3) \}$$

Dabei ist $g^{JM\,J'M'}$ der für die jeweilige Lie-Algebra entsprechend zu bestimmende reziproke 'Cartan-Tensor', der aus den Strukturkonstanten der Lie-Algebra gebildet wird [16]. Jene werden durch die Vertauschungsrelationen der Generatoren der speziellen Lie-Algebra erhalten. Unter Beachtung dieser Vertauschungsrelationen der sphärischen Tensoroperatoren $A_M^{(J)}$ lassen sich dann mit (5) die Casimiroperatoren C_Λ explizit angeben zu [14]:

$$(6) \quad C_{su(4)} = -\frac{1}{8} \sum_{J,M} (-1)^M A_M^{(J)} A_{-M}^{(J)} \qquad \text{mit:} \ J \in \{1,2,3\} \quad ; \quad -J \leq M \leq +J$$

$$(7) \quad C_{sp(4)} = -\frac{1}{2} \sum_{J',M'} (-1)^{M'} A_{M'}^{(J')} A_{-M'}^{(J')} \qquad \text{mit:} \ J' \in \{1,3\} \quad ; \quad -J' \leq M' \leq +J'$$

$$(8) \quad C_{so(3)} = -\frac{5}{2} \sum_{M''} (-1)^{M''} A_{M''}^{(1)} A_{-M''}^{(1)} := \vec{J}^2 \qquad (\text{Gesamtdrehimpuls})$$

$$\text{mit:} \quad -1 \leq M'' \leq +1$$

B. __Der 'su(4)-Modell'-Hamiltonoperator.__

I. __Konstruktion des Modell-Hamiltonoperators__ H_{mod}

Wie in A. aufgezeigt, enthält die Lie-Algebra su(4) neben den Drehimpulsoperatoren einen Satz von Quadrupol- und Oktupoloperatoren. Bestimmte Bilinearprodukte dieser sphärischen Tensoroperatoren bilden nun drehinvarinate Operatoren, die neben dem Gesamtdrehimpuls $\vec{J}^2$ die Angabe einer Quadrupol- und einer Oktupolkraft erlauben. So läßt sich in Verallgemeinerung zum 'su(3)-Modell' von ELLIOTT [4] ein neues 'su(4)-Modell' definieren, mit einem Hamilton-Operator der folgenden Struktur:

$$(9) \qquad H_{mod} = \alpha \cdot Q + \beta \cdot O \qquad \text{mit: } \alpha, \beta = \text{Parameter}$$

Dabei beschreiben:

$$(10) \qquad Q = \sum_{M} (-1)^M A_M^{(2)} A_{-M}^{(2)} \qquad \text{eine Quadrupol-Quadrupol-W.w.}$$

und

$$(11) \qquad O = \sum_{M'} (-1)^{M'} A_{M'}^{(3)} A_{-M'}^{(3)} \qquad \text{eine Oktupol-Oktupol-W.w.}$$

Der Modell-Hamiltonoperator läßt sich dann auch darstellen als Linearkombination der Casimiroperatoren in (6), (7) und (8) zu:

$$(12) \qquad H_{mod} = \alpha \cdot \left\{ -8\, C_{su(4)} + 2\, C_{sp(4)} \right\} + \beta \cdot \left\{ -2\, C_{sp(4)} - \frac{1}{5}\, \vec{J}^2 \right\}$$

Für die anschließenden Rechnungen ist es zweckmäßiger, den Modell-Hamiltonoperator durch 'kartesische' Casimiroperatoren zu definieren, also durch Casimiroperatoren C_Λ', die Linearkombinationen von Bilinearprodukten der obigen Generatoren E_{ij} sind.
Die Umschreibung (13) liefert dann (Umrechnungsfaktoren in [14]):

$$(13) \quad H_{mod} = \alpha \left\{ 2\, C'_{su(4)} - C'_{sp(4)} \right\} + \beta \cdot \left\{ C'_{sp(4)} - \tfrac{1}{5}\vec{J}^2 \right\}$$

II. Energieeigenwerte von H_{mod} im 'su(4)-Modell' bezüglich des Einteilchenproblems, dem ^{41}Ca-Isotop.

Um nun die Eigenwerte des Modell-Hamiltonoperators H_{mod} eindeutig zu klassifizieren, muß beachtet werden, daß er durch Elemente der Lie-Algebren su(4), sp(4), und so(3) definiert ist. Der Modell-Hamiltonoperator wirkt auf Basiszustände $|\cdots\rangle$ bezüglich irreduzibler Darstellungen von su(4) in der Reduktionskette su(4)⊃sp(4)⊃so(3). Ausreduktionsmethoden bezüglich irreduzibler Darstellungen sind in [14] entwickelt. Die 'Höchsten Gewichte', die die jeweiligen irreduziblen Darstellungen bestimmen, sind mit den Basiszuständen verbunden und werden durch die Gewichtszahlen $(\lambda_{\mu\nu})$ bei su(4), $(\lambda'_{\mu'})$ bei sp(4) und (j) bei so(3) gekennzeichnet. Das Eigenwertproblem läßt sich dann folgendermaßen beschreiben:

$$(14) \quad H_{mod}\, |\,(\varkappa)\rangle = E_\varkappa\, |\,(\varkappa)\rangle \quad \text{mit:} \quad |\,(\varkappa)\rangle = \left|(\lambda_{\mu\nu});\,(\lambda'_{\mu'});\,(j)\right\rangle$$

Mit der expliziten Berechnung der Eigenwerte der Casimiroperatoren C'_Λ bezüglich irreduzibler Darstellungen $\varrho[\Lambda]$ (in [14] durchgeführt) folgt die Angabe der Energieeigenwerte $E_\varkappa$ in (14) sofort.

Bezogen auf das physikalisch relevante Problem, Bestimmung der Energieniveaus der Ca-Isotope, folgt dann für den Einteilchenfall, ^{41}Ca: Die 20-dimensionale irreduzible Darstellung $\varrho[su(4)] = (110)$ beschreibt Zustände in einem physikalischen 20-dim Einteilchenraum, dessen Drehimpulsstruktur durch die Drehimpulsquantenzahlen $j = 7/2, 5/2, 3/2, 1/2$ gegeben ist. (Diese Drehimpulsstruktur folgt aus der Reduktion der obigen Darstellung $\varrho[su(4)] = (110)$ nach irreduziblen Standarddarstellungen d^j von so(3), siehe [10], [14]). Diese Modellkonfiguration entspricht der in den untersten Energieniveaus, die durch das Experiment gefunden wurden. In der Reduktionskette su(4)⊃sp(4)⊃so(3) lassen sich dann die Energieeigenwerte des Modell-Hamiltonoperators im Einteilchenproblem, ^{41}Ca, angeben und mit den experimentell gefundenen [17] vergleichen. Eine graphische Darstellung findet sich in Figur 1.

C. Das Vielteilchenproblem im 'su(4)-Modell'

I. Konstruktion und Klassifizierung von Vielteilchenzuständen.

Mit Hilfe dieser das 'su(4)-Modell' konkretisierenden irreduziblen Darstellung $\varrho[\mathrm{su}(4)] = (110)$ zur Beschreibung von Einteilchenenergieniveaus des ^{44}Ca lassen sich unter Ausnutzung gruppentheoretischer Methoden ('Direkte' Produktbildung, Ausreduktion noch irreduzibler Darstellungen usw.) n-Teilchenzustände und - energien bestimmen.
Allgemein gilt: Die Generatoren L, einer Basis der Lie-Algebra su(4), siehe Gleichung (1) sind von teilchenerhaltender Struktur. $\sigma\varrho$ definiert daher eine Darstellung ϱ^n von su(4) im n-Teilchenraum. ϱ^n wird gebildet durch 'Direkte Produkte' der irreduziblen 20-dim Darstellung $\varrho[\mathrm{su}(4)] = (110)$ mit sich selbst unter Berücksichtigung des 'Pauli-Prinzips' für identische Teilchen. Die Zerlegung von ϱ^n in irreduzible Anteile ϱ^n_λ führt zur speziellen Basis im n-Teilchenraum. Physikalisch entspricht diese Produktbildung der Verteilung von n-Teilchen auf 20 Einteilchenzustände. Die Reduktion der irreduziblen Darstellungen ϱ^n_λ auf irreduzible Darstellungen $d^j[\epsilon\,\mathrm{so}(3)]$ definiert dann die Drehimpulsstruktur im n-Teilchenraum.
Mit Hilfe eines speziell entwickelten Computerprogramms lassen sich nun die Mehrfachmultiplikationen der irreduziblen Darstellung $\varrho^n[\mathrm{su}(4)] = (110)$ mit sich selbst ausführen. Ein weiteres Rechenprogramm bestimmt dann aus den so enstandenen Darstellungen ϱ^n ihre irreduziblen Anteile ϱ^n_λ, die die jeweiligen n-Teilchenzustände beschreiben. Mit Hilfe entsprechender Reduktionsformeln [14], [18], [19] lassen sich die zu den $\varrho^n_\lambda[\mathrm{su}(4)]$ gehörenden irreduziblen Darstellungen $\varrho^n_\lambda[\mathrm{sp}(4)]$ und $\varrho^n_\lambda[\mathrm{so}(3)] = d^j_\lambda$ der Unteralgebren sp(4) und so(3) angeben. Diese in der Reduktionskette su(4) ⊃ sp(4) ⊃ so(3) auftretenden Darstellungen ermöglichen dann eine Klassifizierung der n-Teilchenzustände durch Eigenzustände des oben angegebenen Modell-Hamiltonoperators. Die verallgemeinerte Eigenwertgleichung:

$$(15) \quad H_{mod}\,|\,(\varkappa)_n\,\rangle = E_{(\varkappa)_n}\,|\,(\varkappa)_n\,\rangle \quad \text{mit:}\ |\,(\varkappa)_n\,\rangle = |\,(\lambda_{\mu\nu})^n_i\,(\lambda'_{\mu'})^n : (j)^n\,\rangle$$

führt dann zur expliziten Angabe der jeweiligen Energie der Zustände der Ca-Isotope, $^{40+n}$Ca.

II. <u>Explizite Angabe und Diskussion der Energiespektren der
    Ca-Isotope, ^{44}Ca bis ^{50}Ca.</u>

Im Folgenden sollen dann die mittels obiger Verfahren
erhaltenen angeregten Energiezustände der Isotope ^{44}Ca bis
^{50}Ca aufgezeigt werden. Es ist sinnvoll, nur die auch mit
dem Experiment vergleichbaren niederenergetischen Energieniveaus anzugeben. Graphiken bezüglich der jeweiligen Ca-
Isotope ermöglichen dann einen Vergleich zwischen den experimentell gefundenen und den durch Lie-algebraische Methoden abgeleiteten Energieniveaus. In diese Graphiken, <u>Figuren
1 bis 10</u> , werden noch zwei weitere Energieschemata eingezeichnet und zwar einmal Energieniveaus nur den Quadrupolan-
teil Q des Modell-Hamiltonoperators H_{mod} und zum anderen den
Oktupolanteil σ betreffend. Die experimentellen Daten der
Energieniveaus sind aus:Mc GRORY [17] übernommen worden, eben-
so die Energiespektren bezüglich der Ca-Isotope, die aus einem Vielteilchenmodell nach KUO-BROWN [17] abgeleitet wurden.

<u>Diskussion der Energiespektren der Ca-Isotope ^{44}Ca bis ^{50}Ca.</u>

Das auffallendste Ergebnis der Berechnungen der angeregten Zustandsenergien der Ca-Isotope ist:
Das 'su(4)-Modell' beschreibt bis auf zwei Ausnahmen bei ge-
eigneter Parameterwahl α,β nur die Energiespektren der geradzahligen Ca-Isotope, also ^{42}Ca, ^{44}Ca, ^{46}Ca, ^{48}Ca, ^{50}Ca . Denn
durch keine irgendwie geartete Parameterwahl läßt sich zu-
mindest in den unteren angeregten Energieniveaus der ungerad-
zahligen Ca-Isotope (außer ^{41}Ca, ^{49}Ca), also ^{43}Ca, ^{45}Ca, ^{47}Ca
eine qualitative Näherung an die experimentellen Werte fin-
den, das heißt als unterster Zustand läßt sich nie der physikalisch beobachtbare $j = 7/2$-Zustand angeben. Lediglich das
Energiespektrum von ^{49}Ca läßt sich wieder beschreiben, da
nach Auffüllen der $j = 7/2$-Schale der Zustand mit $j = 3/2$ der
energetisch tiefliegendste ist. Eine Möglichkeit, diese Dis-
krepanz zwischen Modell und physikalischer Realität zu erklären, liegt in der Annahme, daß im 'su(4)-Modell' keine
'Rumpfanregungen' (abgeschlossene Schalenstruktur beim ^{40}Ca:
'Rumpf') berücksichtigt werden, die die Unstimmigkeiten der
ungeradzahligen Ca-Isotopen-Spektren erklären könnten.

D. Zusammenfassung:
=====================

Der Hauptteil des Forschungsvorhabens 'Untersuchung des
Vielkörperproblems im Rahmen lösbarer Modelle' besteht in
der Angabe und Diskussion eines speziellen abstrakten Modells, das neue 'su(4)-Modell', das ganz explizit erlaubt,
physikalische Sachverhalte zu beschreiben. In Anlehnung an
allgemeine Konstruktionsmethoden für lösbare Modelle [10]
läßt sich hier ein lösbares Modell definieren, das zumindest
die niedrig angeregten Energieniveaus der Calcium-Isotope,
^{44}Ca bis ^{50}Ca, physikalisch vergleichbar angibt.
Die mathematische Struktur dieses Modells wird durch die
gruppentheoretischen Eigenschaften der Lie-Algebra su(4) und
deren Unteralgebren sp(4) und so(3) bestimmt. Die Generatoren dieser Algebren lassen sich in der Lie-Algebrenkette
su(4)⊃sp(4)⊃so(3) zur Konstruktion eines Modell-Hamiltonoperators verwenden, der dann (bis auf an das Experiment anzu-
passende Parameter) aus Quadrupol- und Oktupolkräften besteht. Die Anwendung dieses Modell-Hamiltonoperators auf n-
Teilchenzustände, die durch irreduzible Darstellungen der
Lie-Algebren su(4), sp(4) und so(3) klassifiziert werden,
ergibt in der Eigenwertgleichung die Energieeigenwerte. Diese liefern die jeweiligen Modell-Energiespektren des Viel-
teilchensystems, hier der Ca-Isotope, und erlauben dann einen Vergleich zu Spektren, die aus anderen Vielkörpermodel-
len und aus den experimentellen Daten gewonnen werden.
Es hat sich nun gezeigt, daß mit Hilfe eines übersichtlichen,
mittels gruppentheoretischer Methoden konstruierten lösbaren
Modells, ein 'su(4)-Modell', eine annähernde Übereinstimmung
der 'su(4)-Modell'-Spektren mit denen der experimentell von
Ca-Isotopen bestimmten herzustellen ist. Gegenüber anderen
Vielteilchenmodellen zeigt sich die Wirksamkeit dieses Modells zumindest bei den geradzahligen Ca-Isotopen, in der
Angabe von angeregten Energiezuständen, die diese anderen
Modelle im Gegensatz zum Experiment nicht beschreiben.
Ein allgemeiner Aspekt sei noch vermerkt: Dieses hier behan-
delte lösbare Modell, das neue 'su(4)-Modell', führt nicht
nur zu interessanten physikalischen Ergebnissen und Aussagen,
sondern es bietet darüber hinaus die wichtige Möglichkeit,
abstrakt mathematische Probleme detailliert zu behandeln
(gruppentheoretische Fragen) und sie auf physikalische Rele-
vanz hin zu untersuchen. Diese Bestimmung mathematischer Methoden und ihre Anwendung auf physikalische Sachverhalte
läßt sich dann verallgemeinernd auf beliebige Modelle und somit auch auf Näherungsmethoden nicht nur in der Kerntheorie
erweitern.

E. Literaturverzeichnis

[1] P. ANDERSON: Random Phase Approximation in the Theory of Superconductivity, Phys. Rev. 112 (1958), 1900

[2] H. LIPKIN: Lie groups for pedestrians (1965)

[3] J. GARCIA, D. SCHÜTTE: Investigation of Heavy Nuclei with sharp Seniority, Nuclear Physics A 121 (1968), 535

[4] J. ELLIOTT: Collective motion in the nuclear shell model, Proc. Roy. Soc. A, Vol. 245, (1958)

[5] M. HARVEY: The Nuclear SU(3)-Model, Advances in Nuclear Physics, ed. by BARANGER, VOGT, Vol. 1,(1968)

[6] D. SCHÜTTE: Parity Deformation and Pairing within a Solvable Model, Proc. Liperi Summer-School in Theoretical Physics, B 1 (1966), 26

[7] D. SCHÜTTE, K. BLEULER: Pairing and Deformation in a Solvable Model, Nuclear Physics A 119 (1968), 221

[8] K. BLEULER, A. FRIEDRICH, D. SCHÜTTE: Validity of the H-B-Theory in an Exact Solvable Model, Nuclear Physics A 126 (1969)

[9] D. SCHÜTTE: Habilitationsschrift, Bonn (1969)

[10] D. SCHÜTTE: On the Construction of Solvable Modells of the Many Body Problem, Zeitschrift für Naturforschung Bd. 28a, Heft 3/4, (1973)

[11] J. HADERMANN: The Method of Generator Coordinates; Symmetry-Mixing Solutions in a Solvable Model, Nuclear Physics A 175 (1971) 641

[12] J. HADERMANN: Erzeugende Koordinaten und die RPA, Zeitschrift für Naturforschung, Bd. 28a, Heft 3/4 (1973) 383

[13] D. HILL, J. WHEELER: Physical Review 89 (1953), 1102
J. GRIFFIN, J. WHEELER: Physical Review 108 (1957), 311

[14] D. SCHUBERT: Dissertation, Bonn (1974)

[15] FLACH, REIF: Gruppentheoretische Methoden im Schalenmodell der Kerne, I, (1964)

[16] M. GOURDIN: Unitary Symmetries (1967)

[17] MC GRORY, WILDENTHAL, HALBERT: Shell-Model Structure of
      $^{42-50}$Ca, Phys. Rev., Vol.
      II, 1C, (1970)

[18] E. WYBOURNE: Symmetry Principles and Atomic Spectros-
      copy, (1970)

[19] B. FLOWERS: Studies in j-j-Coupling, Proc. Roy. Soc. A,
      Vol. 212 (1952)

F. Anhang

Die Energiespektren der Ca-Isotope, ^{41}Ca bis ^{50}Ca

In den Figuren 1 bis 10 sind die mit dem Experiment abgekürzt:) vergleichbaren niederenergetischen Energieniveaus der Ca-Isotope angegeben, und zwar einmal, wie sie aus
der Behandlung des 'su(4)-Modells' folgen (abgekürzt:
) und zum anderen, wie sie sich aus der Behandlung
eines Vielteilchenmodells nach KUO-BROWN [in: [17]]ergeben
(abgekürzt:). In diese Graphiken sind noch zwei weitere
Energieschemata eingezeichnet und zwar Energieniveaus bezüglich der Quadrupolkraft (abgekürzt: Q) und welche bezüglich
der Oktupolkraft (abgekürzt: σ).

Figur 1
E [MeV] 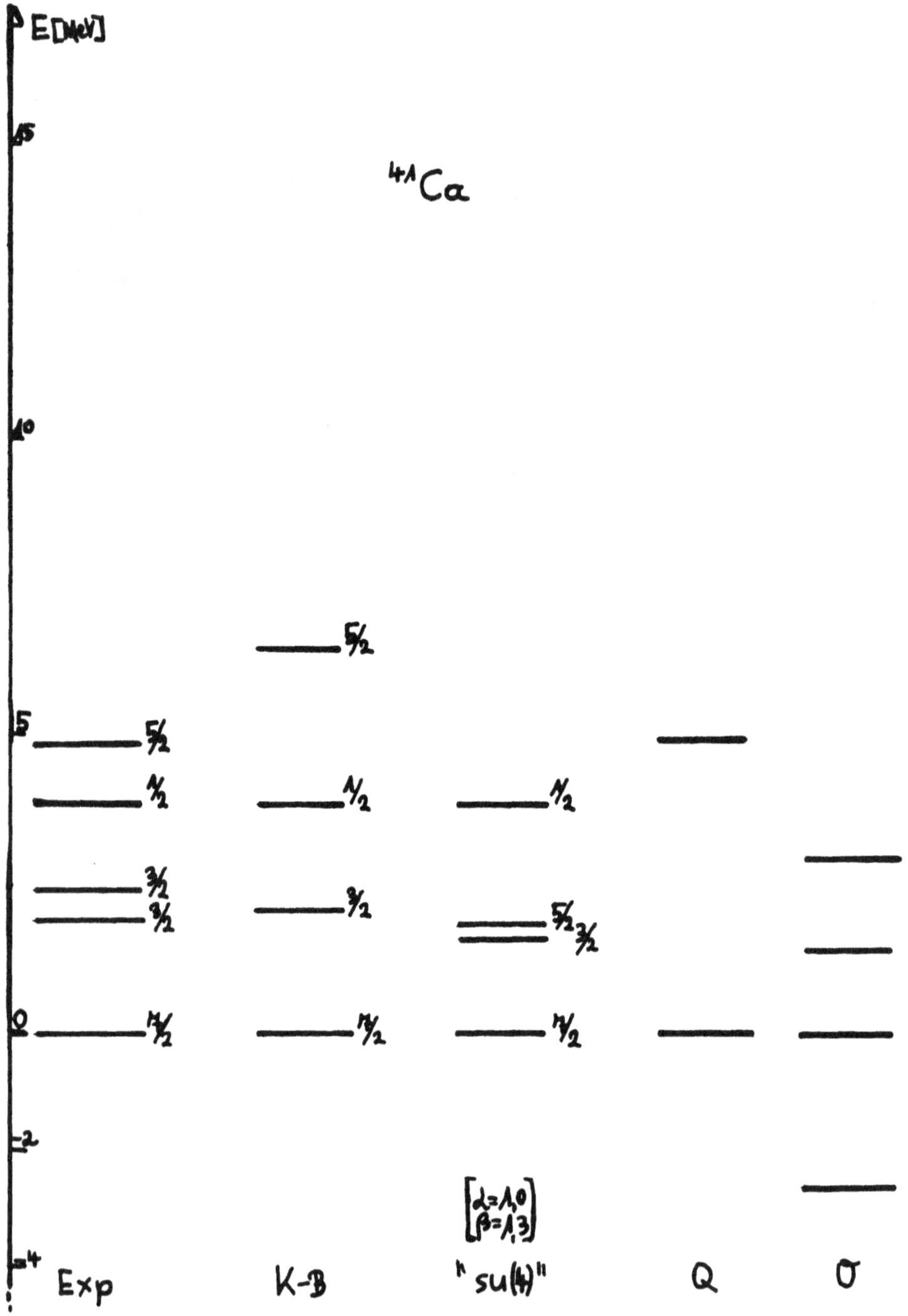
15
10
5
0
-2
-4
^{41}Ca
Exp
5/2
7/2
3/2
3/2
7/2
K-B
5/2
7/2
3/2
7/2
"su(4)"
7/2
5/2 3/2
7/2
$\begin{bmatrix} \lambda=10 \\ \beta=13 \end{bmatrix}$
Q
σ

Figur 2 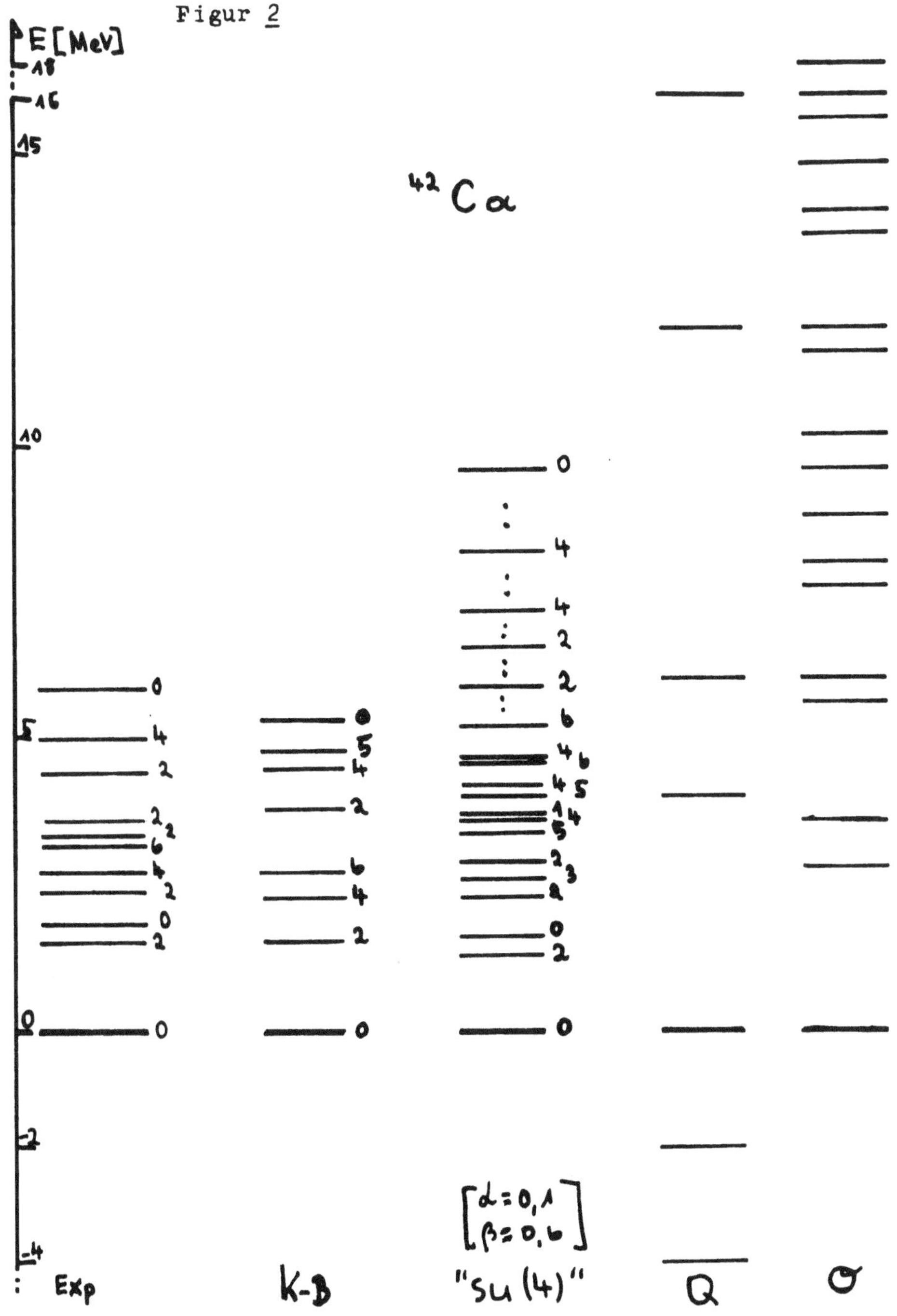
E [MeV]
18
16
15
10
5
0
-2
-4
42Ca
0
4
4
2
2
6
4
5
4
4
5
2
3
2
0
2
0
[α = 0,1
 β = 0,6]
Exp
K-B
"SU(4)"
Q
σ
0
4
2
2
2
6
4
2
0
2
0
0
5
4
2
6
4
2
0

Figur 3
E [MeV]
15
10
5
0
-2
-4
^{43}Ca
$\left[\begin{array}{l}\alpha=1,0 \\ \beta=1,3\end{array}\right]$
$\left[\begin{array}{l}\alpha=0,1 \\ \beta=0,6\end{array}\right]$
3/2
5/2
1/2 3/2
5/2
7/2
Exp
1/2
9/2
3/2
3/2
5/2
7/2
K-B
9/2
1/2
5/2
3/2
13/2
3/2
"su(4)"
3/2
5/2
1/2
9/2 5/2
13/2
3/2
3/2
Q
σ

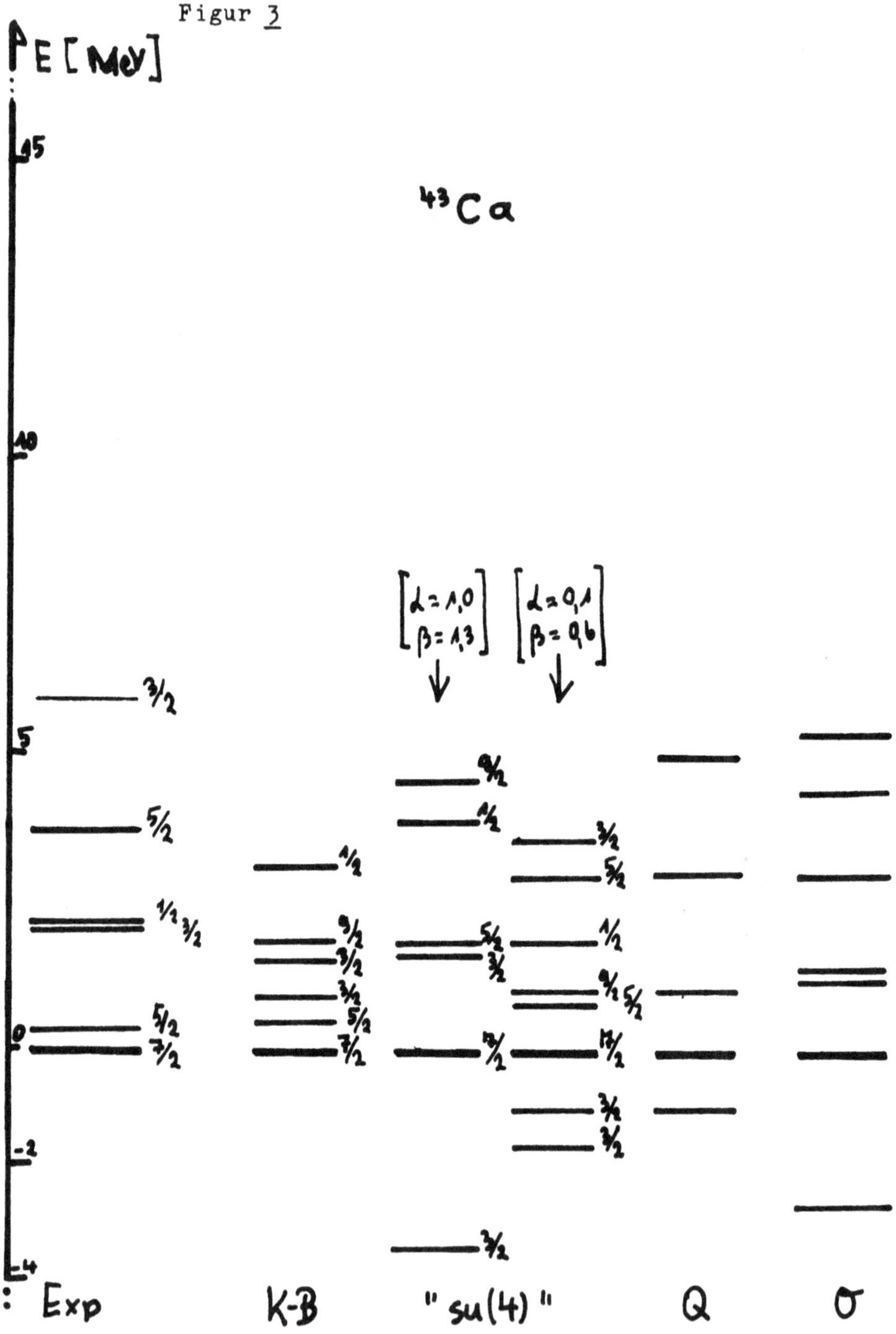

Figur $\underline{4}$

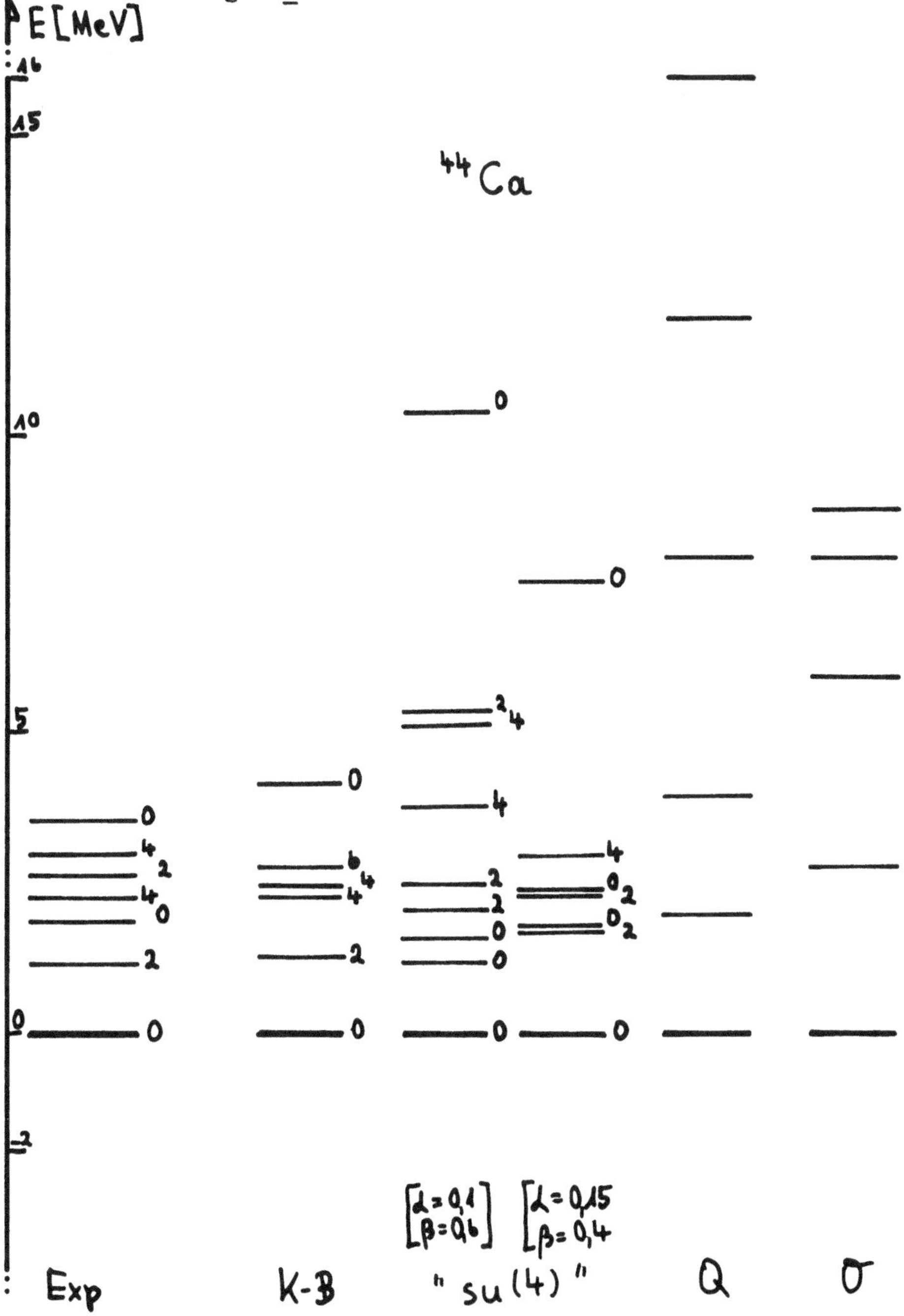

Figur $\underline{5}$

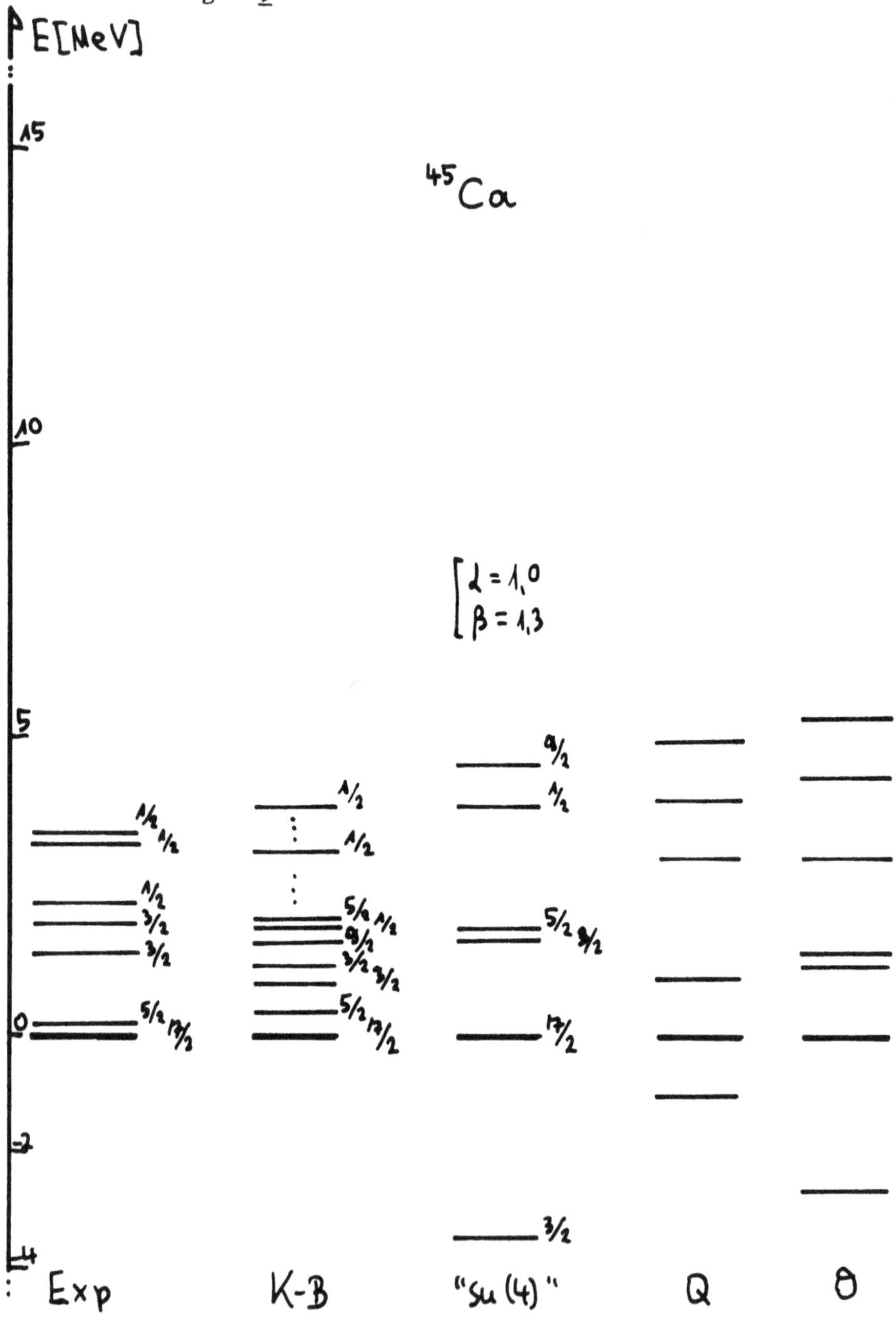

^{45}Ca

$E[MeV]$

$\begin{cases} \alpha = 1,0 \\ \beta = 1,3 \end{cases}$

15

10

5

0

Exp   K-B   "Su (4)"   Q θ

Figur 6
E[MeV] 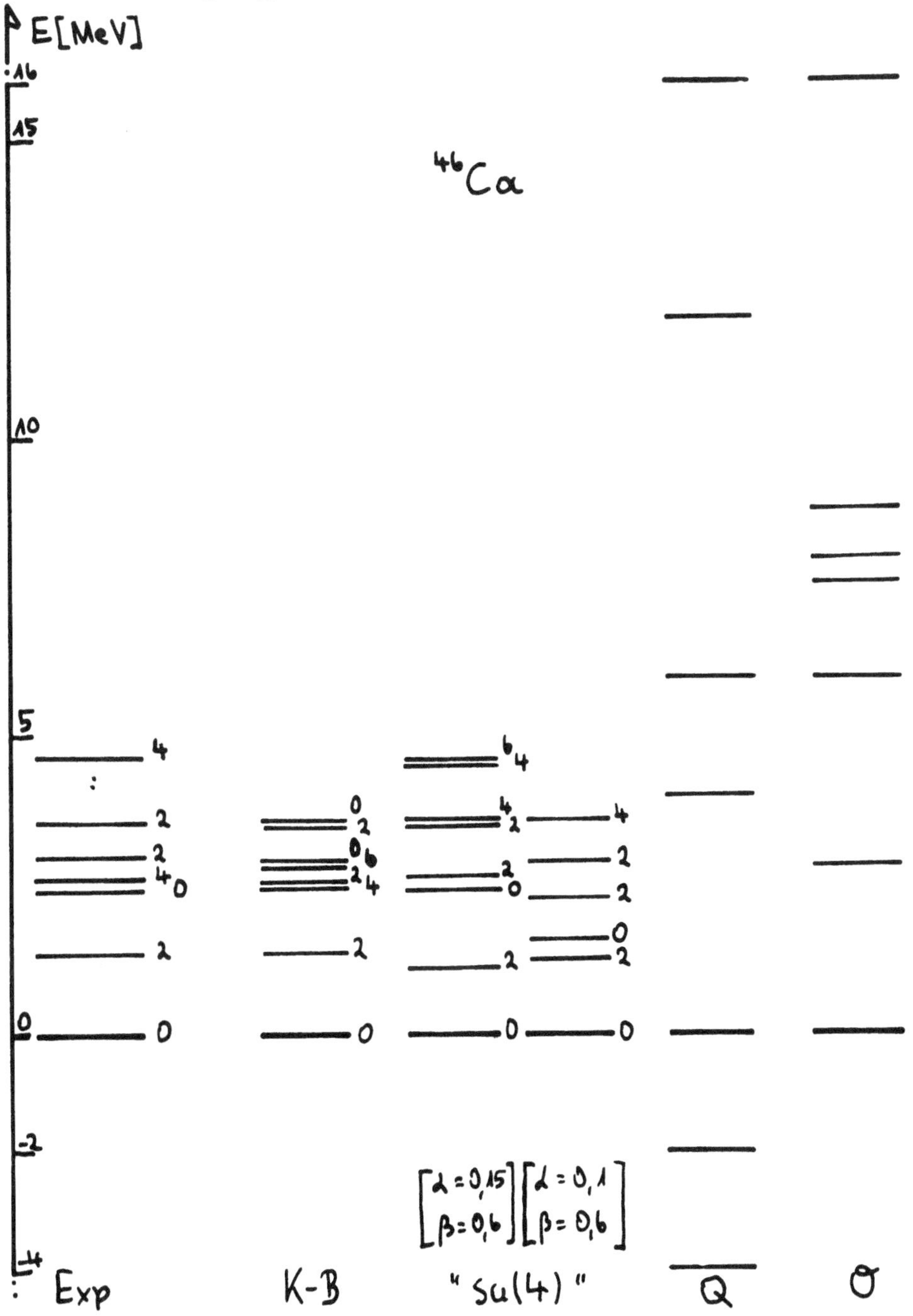
16
15
10
5
0
-2
-4
46Ca
4
:
2
2
4 0
2
0
0
2
0
2
2
0 4
2
0
0 b
2 4
2
0
b 4
4
2
2
0
2
0
4
2
2
0
2
0
[α = 0,15 β = 0,6] [α = 0,1 β = 0,6]
Exp   K-B   " su(4) "   Q   O

Figur 7
E[MeV]
15
10
5
0
-2
-4
47Ca
[λ=1,0]
[β=1,3]
Exp
K-B
"su(4)"
Q
σ
9/2
1/2
5/2 3/2
7/2
3/2
1/2
1/2
5/2 3/2
3/2 1/2
3/2 7/2
9/2
1/2
1/2
3/2

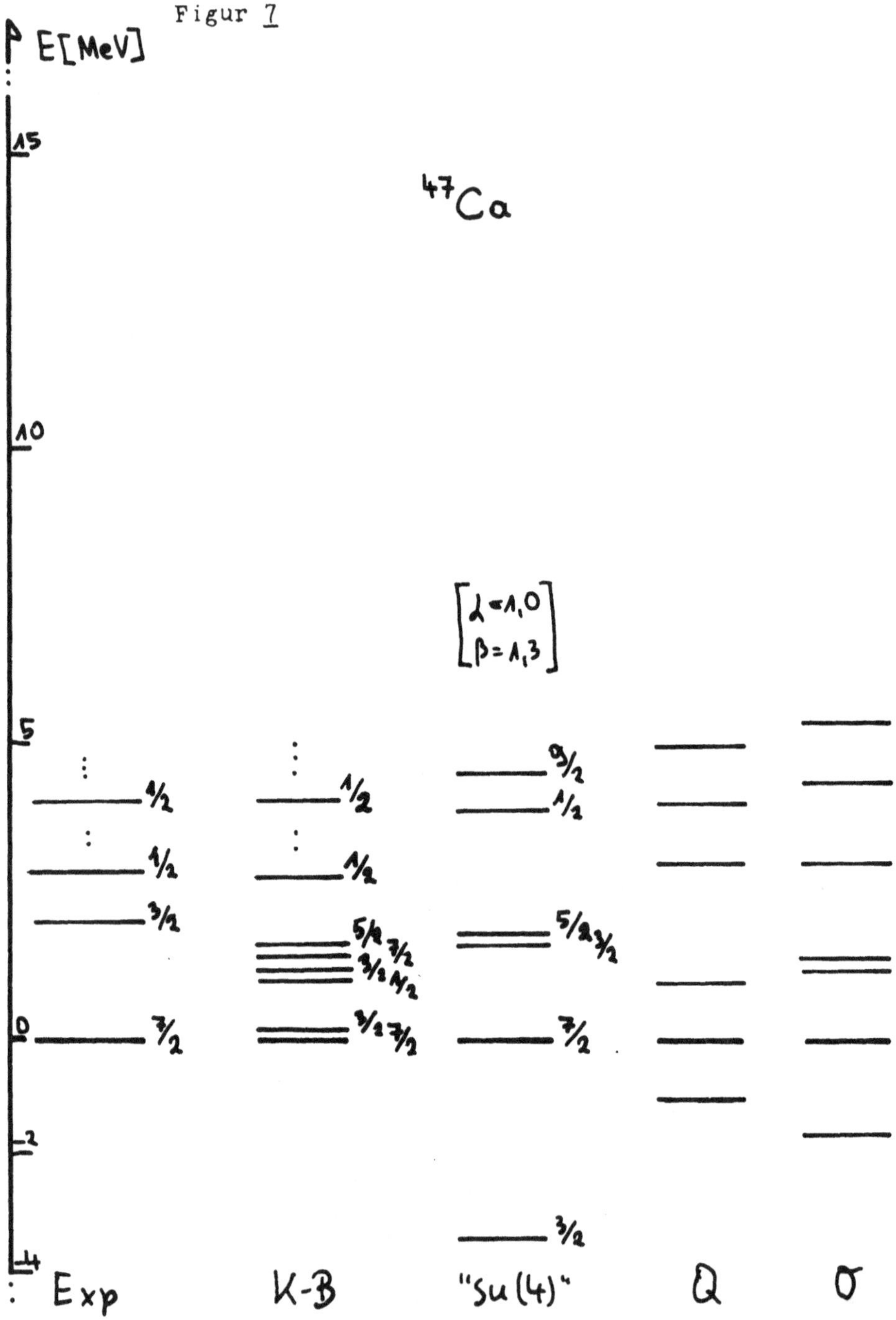

Figur 8
E[MeV]
16
15
10
5
2
0
48Ca
4
4
0 2
0 2
0
4
2 0
0
4
2 2
0
0
2
4
0 2
4
0 2
[λ=0,1 β=0,6] [λ=0,35 β=0,9]
Exp
K-B
" su(4) "
Q
O

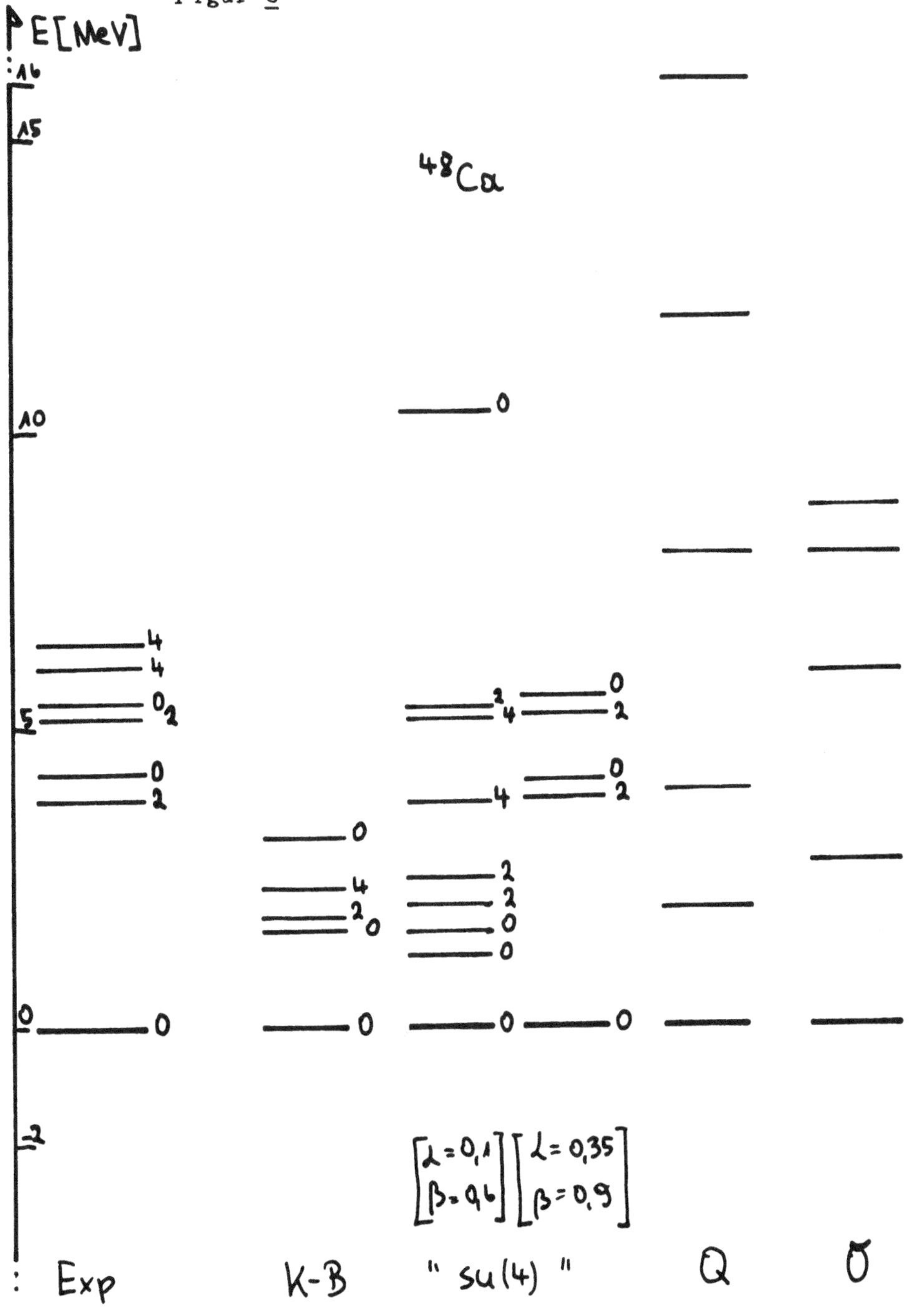

Figur 9
E[MeV] 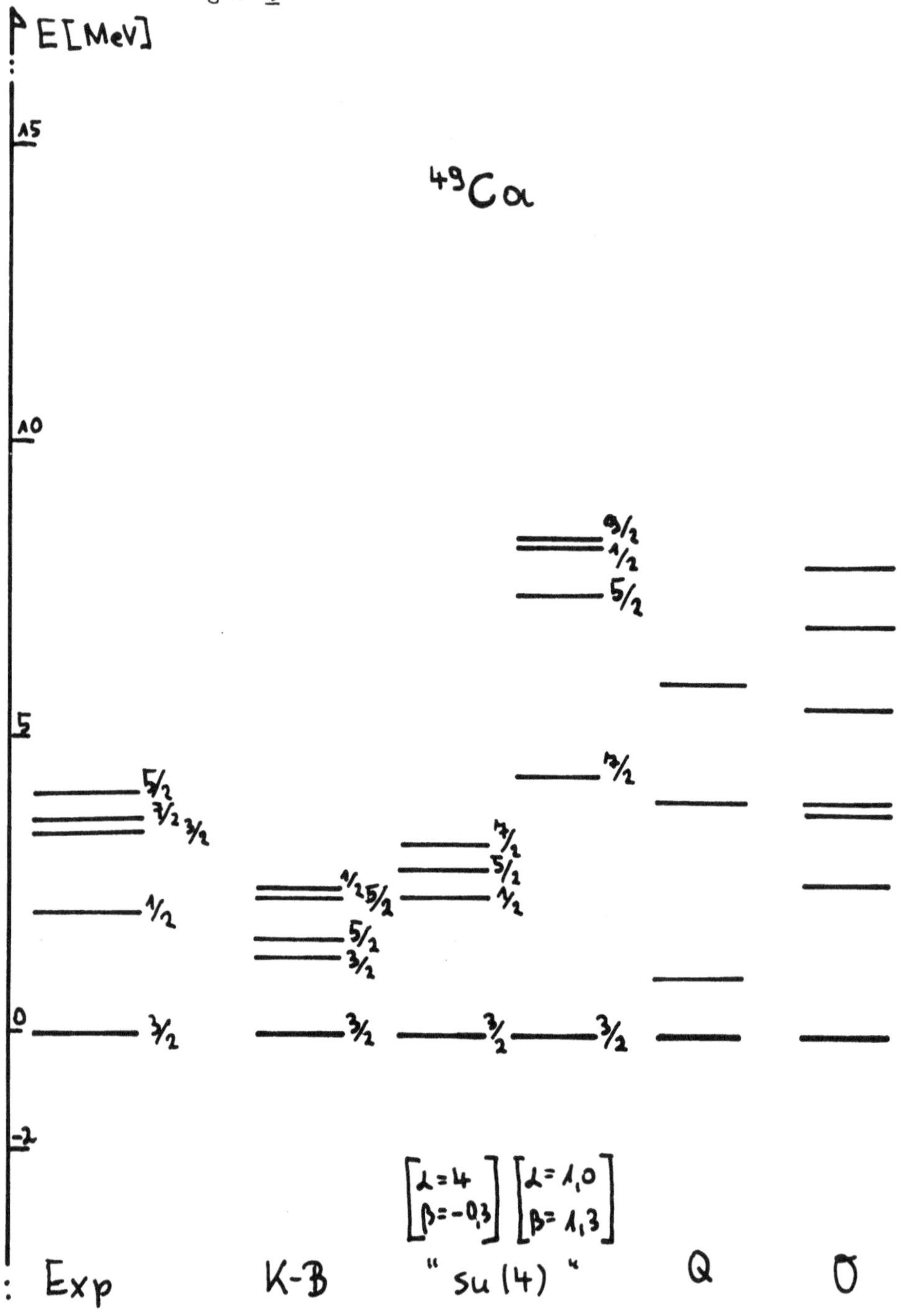
15
10
5
0
-2
⁴⁹Ca
5/2
3/2 3/2
1/2
3/2
5/2
3/2
1/2 5/2
5/2
3/2
9/2
1/2
5/2
13/2
13/2
5/2
1/2
3/2
3/2
[λ=4
β=-0,3]
[λ=1,0
β=1,3]
Exp
K-B
" su (4) "
Q
O

Figur 10
E [MeV]
16
15
10
5
-2
-4
50Ca
0
0
0
0
0
6 4
2
4
0
2
4
2
2
0
2
2
0
2
0
2
0
[λ=0,2]
[β=0,6]
[λ=0,1]
[β=0,6]
Exp
K-B
"su(4)"
Q
O

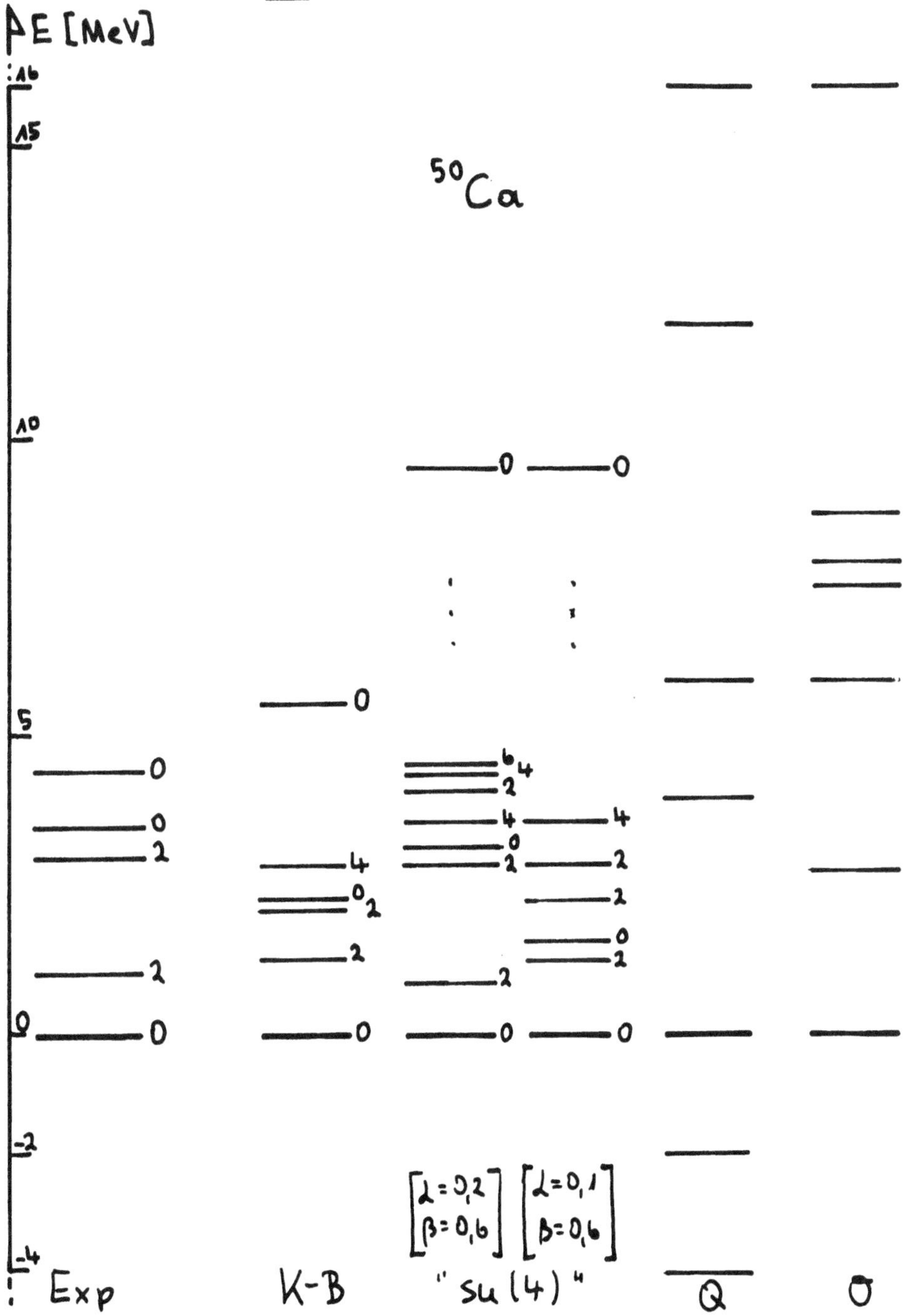

Forschungsberichte
des Landes Nordrhein-Westfalen

Herausgegeben im Auftrage des Ministerpräsidenten Heinz Kühn
vom Minister für Wissenschaft und Forschung Johannes Rau

Sachgruppenverzeichnis

Gaswirtschaft

Gas economy
Gaz
Gas
Газовое хозяйство

Holzbearbeitung

Wood working
Travail du bois
Trabajo de la madera
Деревообработка

Hüttenwesen · Werkstoffkunde

Metallurgy · Materials research
Métallurgie · Matériaux
Metalurgia · Materiales
Металлургия и материаловедение

Kunststoffe

Plastics
Plastiques
Plásticos
Пластмассы

Luftfahrt · Flugwissenschaft

Aeronautics · Aviation
Aéronautique · Aviation
Aeronáutica · Aviación
Авиация

Luftreinhaltung

Air-cleaning
Purification de l'air
Purificación del aire
Очищение воздуха

Maschinenbau

Machinery
Construction mécanique
Construcción de máquinas
Машиностроительство

Mathematik

Mathematics
Mathématiques
Matemáticas
Математика

Medizin · Pharmakologie

Medicine · Pharmacology
Médecine · Pharmacologie
Medicina · Farmacología
Медицина и фармакология

NE-Metalle

Non-ferrous metal
Metal non ferreux
Metal no ferroso
Цветные металлы

Physik

Physics
Physique
Física
Физика

Rationalisierung

Rationalizing
Rationalisation
Racionalización
Рационализация

Schall · Ultraschall

Sound · Ultrasonics
Son · Ultra-son
Sonido · Ultrasónico
Звук и ультразвук

Schiffahrt

Navigation
Navigation
Navegación
Судоходство

Textilforschung

Textile research
Textiles
Textil
Вопросы текстильной промышленности

Turbinen

Turbines
Turbines
Turbinas
Турбины

Verkehr

Traffic
Trafic
Tráfico
Транспорт

Wirtschaftswissenschaften

Political economy
Economie politique
Ciencias económicas
Экономические науки

Einzelverzeichnis der Sachgruppen bitte anfordern

Westdeutscher Verlag GmbH
– Auslieferung Opladen –
567 Opladen, Postfach 1620

GPSR Compliance
The European Union's (EU) General Product Safety Regulation (GPSR) is a set
of rules that requires consumer products to be safe and our obligations to
ensure this.

If you have any concerns about our products, you can contact us on

ProductSafety@springernature.com

In case Publisher is established outside the EU, the EU authorized
representative is:

Springer Nature Customer Service Center GmbH
Europaplatz 3
69115 Heidelberg, Germany